我们身边的固体、液体、气体

[韩国] 成蕙淑 著
[韩国] 洪基汉 绘 石安琪 译

译林出版社

啊呀，小石子好硬！

扑通一声，水面溅起水花，

我们在水中舒展手脚，

欢快地游泳。

不过，在寒冷的冬天，水会变得像石头一样硬邦邦的。

当湖水被完全冻住，

我们就可以在上面玩冰橇、溜冰了。

这个世界上，有的物体像冰块一样坚硬，

有的则像水一样不断流淌。

此外，空气中还有大量的水蒸气，

只是我们用肉眼看不见它们。

同样是水，为什么它们的样子却如此不同呢？

冰块为什么这么坚硬?

是因为冰块中的小颗粒紧贴在一起。

小颗粒互相贴得很紧，没有人可以让它们分开。

因此，冰块的形状是固定的。

我们把这种形状固定的物体称为“固体”。

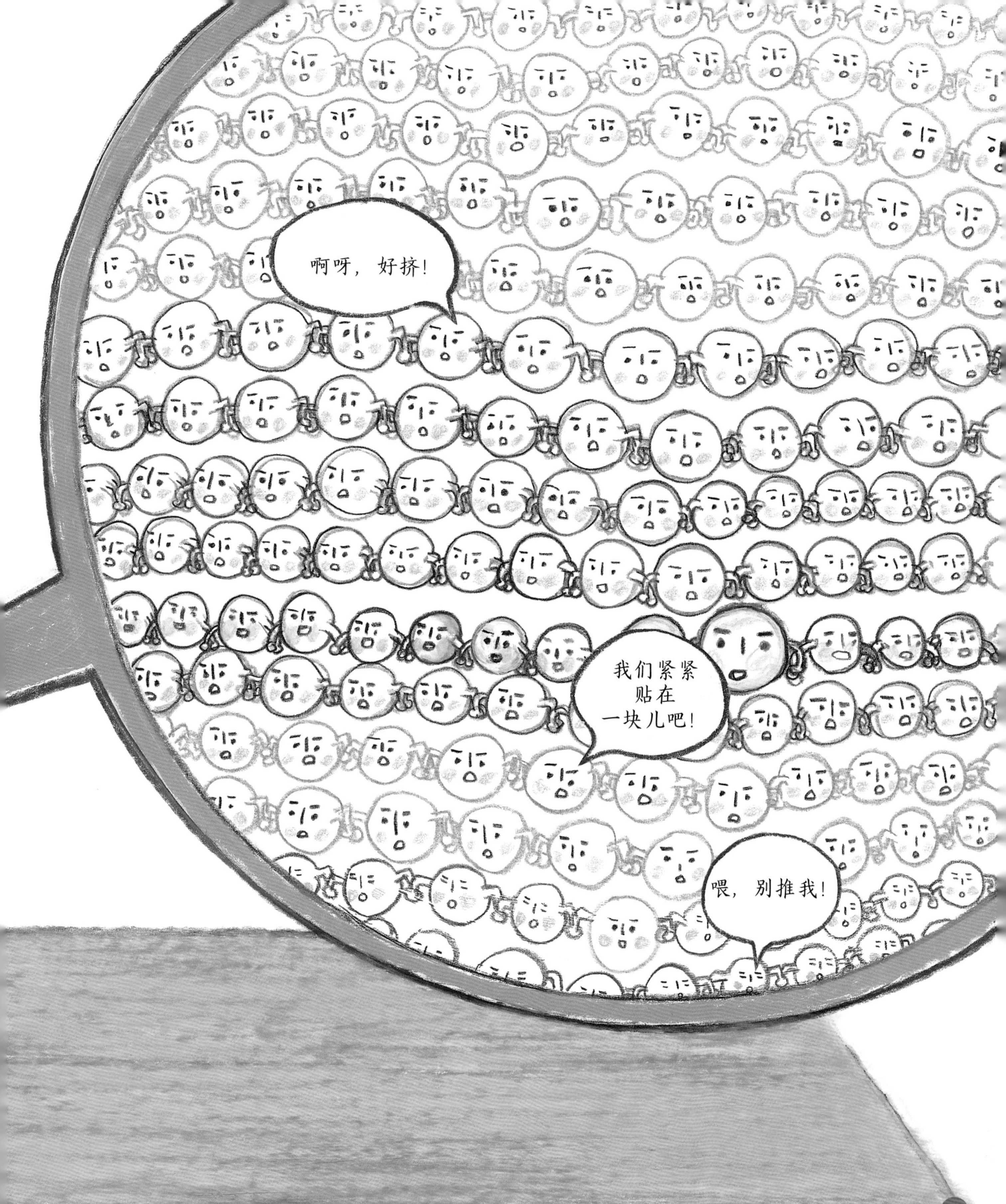
啊呀，好挤！
我们紧紧
贴在
一块儿吧！
喂，别推我！

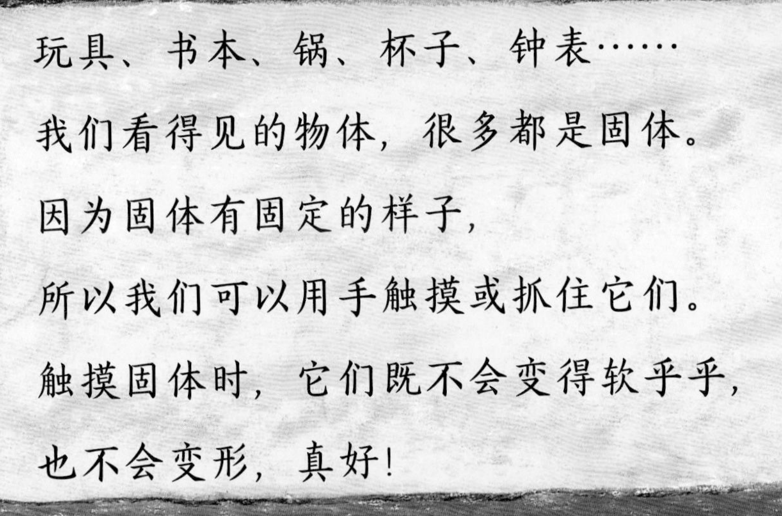

玩具、书本、锅、杯子、钟表……

我们看得见的物体，很多都是固体。

因为固体有固定的样子，

所以我们可以用手触摸或抓住它们。

触摸固体时，它们既不会变得软乎乎，

也不会变形，真好！

用电子显微镜观察固体，我们会发现，所有的固体物品都由非常微小的颗粒构成。

固体中的小颗粒紧贴在一起，无法移动。

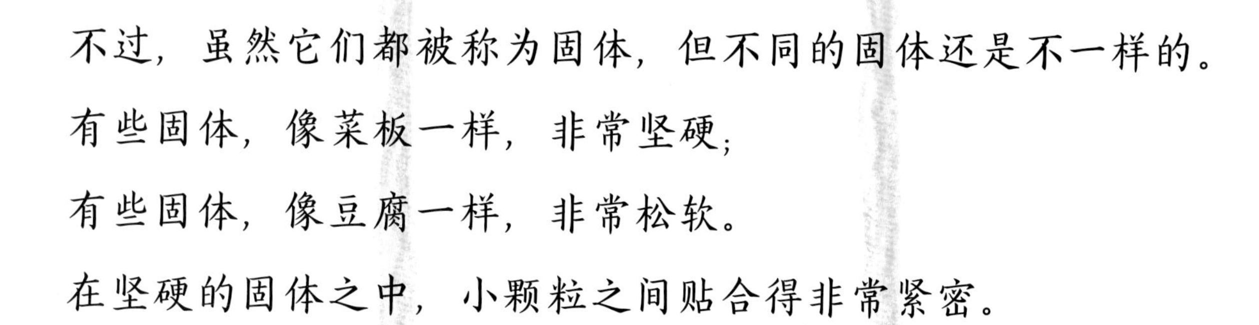

不过，虽然它们都被称为固体，但不同的固体还是不一样的。

有些固体，像菜板一样，非常坚硬；

有些固体，像豆腐一样，非常松软。

在坚硬的固体之中，小颗粒之间贴合得非常紧密。

因此，即使我们用力按压菜板，

菜板也不会被压出凹痕。

那些比较松软的固体，

是因为内部小颗粒贴合得不够紧密，

导致相互之间存在着很多的空隙。

所以，只要用手指轻轻一按豆腐，

豆腐就碎掉了。

如果给冰块加热，冰块中的小颗粒会怎么样呢？

我们觉得冷的时候，会靠在一起取暖；

热的时候，就不想靠在一起了。

固体也一样，当温度较低时，冰块中的小颗粒会紧贴在一起不动；

当温度升高，它们就会动起来分开。

这时，固体的冰就变成了液体的水。

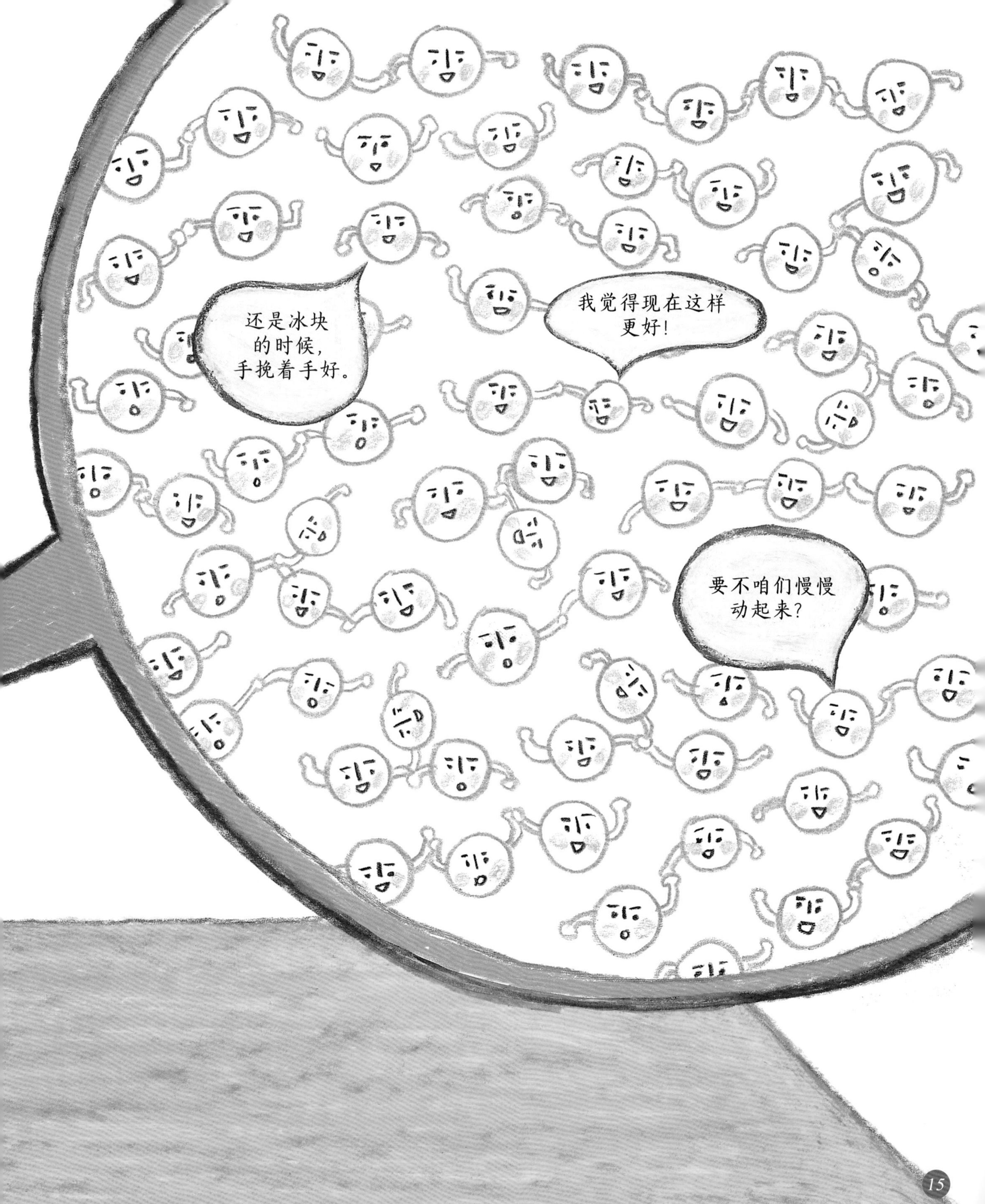
还是冰块
的时候，
手挽着手好。
我觉得现在这样
更好！
要不咱们慢慢
动起来？

黏糊糊的糖稀，滑溜溜的食用油，

还有哗啦啦流动的自来水，它们都是液体。

咕嘟——我们嘴里的唾液也是液体。

用手去抓它们，是抓不住的，它们会从手指中间流走。

液体中的小颗粒相互隔得很远，

如果有其他新来的小颗粒加入，就会从它们中间穿过。

液体所在的容器不同，它的形状也不同。

水装在杯子里就是杯子模样，装在瓶子里就是瓶子模样。

利用液体的这种性质，我们能做出各种形状的东西。

玻璃硬邦邦的，要怎么才能制作成花瓶呢？

很简单，把玻璃熔化成液体，再固定成花瓶的形状就可以啦！

铁又是怎么变成勺子的呢？

把铁熔化成铁水，倒入勺子模具里固定形状就好啦！

把固体变成液体的关键，就是热量。

很多坚硬的固体，加热后都可以变成流动的液体。

当水被加热到翻滚沸腾，

水中的小颗粒又变成什么样呢？

小颗粒会松开小伙伴的手，一个个向空中升腾，

飘散在空中，变成气体。

气体中的小颗粒相互离得更远，

人们用肉眼是看不到气体的。

哇，自由啦！
尽情飞翔吧！

我们看不到气体，但有时可以感知到它。

比如，飘散到鼻尖上的浓浓花香，

还有炖汤浓郁的香味，

都是空中的气体。

我们呼出、吸入的空气，

也是气体。

把流动的液体变成气体的关键，
也是热量。

当气球中的空气越来越热，
热气球就会飞上天空。
气体受热后，
小颗粒会变得更加活泼。

因为石头和泥土是坚硬的固体，

我们才能站立在广阔的土地上；

因为江河水可以流淌、渗透到各个地方，

我们才能获得饮用水的水源；

因为全世界都充满了轻盈的空气，

我们才能呼吸并生存下去。

世界上的所有物体，

都是以固体、液体或者气体的形式存在的。

坚硬的固体、流动的液体、飘浮的气体，

它们相互变换着模样，创造了这个美丽的世界。

让我们一起在生活中找找吧！

可以变身为固体、液体、气体的水

雪化了，不见了

（固体➞液体➞气体）

冬天，飘落的雪花是固体的。经阳光照射，白雪融化，就会变成液体的水。阳光持续照射，会使水变成气体，飘散在空中。在我们看来，就是原本堆在一起的白雪慢慢融化，最后消失不见了。

砰砰！来做爆米花吧！

（液体➞气体）

把玉米粒放进微波炉加热后，会发出砰砰的响声，然后，玉米粒就变成爆米花了。这是因为，玉米粒中的水分受热变成水蒸气，而水蒸气比水需要更大的空间，于是，玉米粒中的水蒸气就砰地穿透玉米粒的表面，被大力释放了出来。

一起来做冰棍吧！

（液体➞固体）

利用液体可以变成固体的原理，我们可以在炎热的夏天自制冰凉解暑的冰棍。在冰棍模具中倒入自己喜欢的果汁，再插进一根小木棍，方便拿取。把装有果汁的模具放进冰箱中冷冻一夜，好吃的冰棍就制作完成啦！

在日常生活里，我们就能找到改变水形态的方法。

利用这个方法，可以让我们的生活变得更加便利。

改变物质形态的热量

热量可以把固体变成液体，把液体变成气体，甚至还可以把气体变成固体。给物体不断加热，那么固体就会变成液体，液体就会变成气体。反过来，如果温度降低，则气体会重新变成液体，液体会再次变成固体。

看不见的小颗粒，构成大世界

我们生活的这个世界上，有许许多多的东西，它们各有各的形态。比如，大家现在手里拿着的这本书，喜欢的玩具，或是一直围绕在我们身边，但我们却看不见也摸不着的空气。不过，只要仔细观察，我们就会发现，它们总是以固体、液体、气体中的某一种形态存在的。构成物体的物质，通常都是那些我们用肉眼无法看到的微小颗粒。物质的存在形式是固体、液体，还是气体，是由这些微小颗粒的排列决定的。

我们就用这本书的纸张来举个例子吧。肉眼看上去，这些纸张没有任何缝隙，也没有破损。但事实上，那些构成纸张的小颗粒之间，是存在着缝隙的。如果纸不小心沾到了水，就会变湿，这是因为水渗进了构成纸张的那些微小颗粒的缝隙中。同样，即使是吹满气的气球，过一段时间也会慢慢地变小，那是因为空气会从构成气球的颗粒的缝隙中慢慢地漏掉。

物质中的小颗粒，不停地运动着。洗干净的湿衣服会变干，冰凌会倒挂在屋檐，天空中的云彩会飘来飘去，都是因为这些小颗粒在不断运动。无论多么结实坚固的岩石，只要给它以足够的热量，都会熔化成流动的熔岩。而我们呼出的二氧化碳，在温度和压强非常低的情况下，则会凝固成干冰。决定固体、液体、气体形态的重要的因素是温度。当温度升高，物质中的小颗粒就会加速

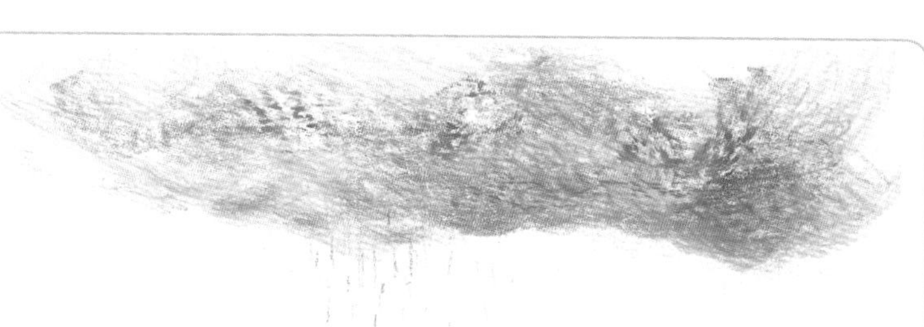

运动，它们的排列也会因此发生改变，导致物体形态发生变化。

了解固体、液体、气体这三种物质形态和它们的变化，会为我们的生活带来非常多的便利。液体可以随心所欲地变化成各种模样；利用固体坚硬、不容易变形的特点，人类制作出了很多的日常用品。

我们的身体很早就知道了固体、液体、气体的神奇特性。液体可以自由流动，血液就在我们的身体中循环，将养分源源不断地供给到身体的各个部分。此外，多亏了可以随风飘动的气体，我们才能够呼吸新鲜的空气。

总之，世界上所有的东西，都是以固体、液体或是气体的形式存在于我们的身边。有时它们也会变换模样，发挥属于自己的作用。也就是说，我们用肉眼看不见的那些微小颗粒，在不断地勤奋运动着。

——作者　成蕙淑

图书在版编目（CIP）数据

咚咚咚，敲响化学的门．我们身边的固体、液体、气体 /（韩）成蕙淑著；（韩）洪基汉绘 ；石安琪译．—南京：译林出版社，2022.4

ISBN 978-7-5447-8987-5

Ⅰ.①咚… Ⅱ.①成… ②洪… ③石… Ⅲ.①化学－少儿读物 Ⅳ.①O6-49

中国版本图书馆 CIP 数据核字（2021）第 258486 号

著作权合同登记号　图字：10-2019-577 号

我们身边的固体、液体、气体 [韩国]成蕙淑 / 著　[韩国]洪基汉 / 绘　石安琪 / 译

审　　校　周　静
责任编辑　王　维
装帧设计　胡　苨
校　　对　孙玉兰
排　　版　陆　莹
责任印制　颜　亮

原文出版　Woongjin Think Big, 2011
出版发行　译林出版社
地　　址　南京市湖南路 1 号 A 楼
邮　　箱　yilin@yilin.com
网　　址　www.yilin.com
市场热线　025-86633278
印　　刷　新世纪联盟印务有限公司
开　　本　880 毫米 × 1230 毫米　1/16
印　　张　11.25
版　　次　2022 年 4 月第 1 版
印　　次　2022 年 4 月第 1 次印刷
书　　号　ISBN 978-7-5447-8987-5
定　　价　125.00 元（全五册）